科学探秘
培养儿童科学基础素养

了解极地
奇妙的南北极之旅

温会会 / 文　曾平 / 绘

浙江摄影出版社
全国百佳图书出版单位

火辣辣的阳光下，小精灵自在地飞着，热得直流汗。

哎哟，地球
怎么这么热呀？

旁边的精灵奶奶笑着说："太阳是个大火球。这里是地球的赤道地区，受到太阳的直射，所以热烘烘的。"

小精灵好奇地问："那么，远离赤道的地方还会很热吗？"

精灵奶奶一脸神秘地说："跟我去极地看看，你就明白了！"

说完，精灵奶奶领着小精灵向南极飞去。

精灵奶奶指着一片被冰雪覆盖的陆地，说："看，这是南极洲！"

小精灵瞪大了眼睛，说："哇，竟然有白色的陆地！"

飞着飞着，小精灵眼前的世界变得白茫茫一片。
为了保护眼睛，精灵奶奶让小精灵戴上墨镜。

别担心，戴上墨镜就好了。

啊，我有点睁不开眼睛！

一群企鹅迎面而来，热情地
欢迎远道而来的客人。它们走起
路来左右摇晃，真可爱。

11

南极还有什么动物呢？小精灵好奇地左右张望。

嘿，我们是南极磷虾！

到了晚上，南极的夜空中出现了绚丽的光芒。

"真漂亮啊！这是什么呢？"小精灵指着天空问。

"这是只有在极地才能看到的极光！"精灵奶奶兴奋地说。

第二天，小精灵又跟着精灵奶奶飞往北极。

"哇，北极的陆地上也覆盖着冰雪！"小精灵说。

"那不是陆地，而是冰海。与南极拥有广阔的大陆不同，北极以海洋为主。"精灵奶奶说。

"有生活在北极的动物吗？"小精灵问道。

"当然，北极的居民还不少呢！"精灵奶奶说。

正说着，一头硕大的北极熊朝小精灵走来。

"欢迎来到北极！"北极熊说。

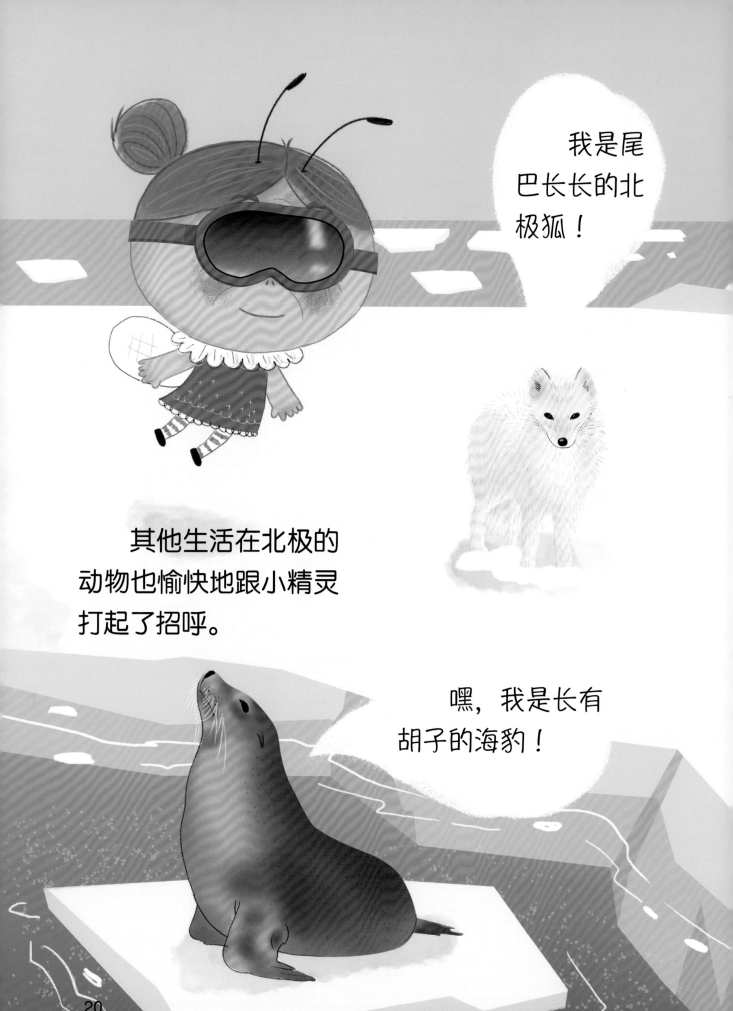

我是尾巴长长的北极狐！

其他生活在北极的动物也愉快地跟小精灵打起了招呼。

嘿，我是长有胡子的海豹！

我是穿
着厚毛衣的
麝香牛！

我是头上
长着角的北极
驯鹿！

地球

校夜

极昼

太阳

　　"现在是晚上，怎么天还这么亮？"小精灵抬起头问。

　　"由于太阳直射点的变化，极地会有极昼和极夜的现象。极昼的时候，一天 24 小时天都是亮的；极夜则相反，一天 24 小时天都是黑的。"精灵奶奶解释道。

看到精灵奶奶盯着不远处的冰川出神，小精灵好奇地问："奶奶，你在想什么呢？"

"由于全球气候变暖情况加剧，北极的冰川融化得很快。再这么下去的话，北极的动物们恐怕会失去赖以生存的家园。"精灵奶奶忧心忡忡地说。

"这可怎么办呀？"小精灵着急地说。

"大家要好好保护环境，一起守护地球家园！"精灵奶奶认真地说。

25

　　结束了地球的极地旅行，精灵们依依不舍地离开了地球。

　　"喜欢这次的南北极之旅吗？"精灵奶奶问。

　　"那当然，真是太奇妙了！"小精灵答。

责任编辑　瞿昌林
责任校对　朱晓波
责任印制　汪立峰

项目设计　北视国

图书在版编目（CIP）数据

了解极地：奇妙的南北极之旅 / 温会会文；曾平
绘．—杭州：浙江摄影出版社，2022.8
（科学探秘·培养儿童科学基础素养）
ISBN 978-7-5514-4018-9

Ⅰ．①了… Ⅱ．①温… ②曾… Ⅲ．①极地—儿童读
物 Ⅳ．① P941.6-49

中国版本图书馆 CIP 数据核字（2022）第 115939 号

LIAOJIE JIDI：QIMIAO DE NANBEIJI ZHI LÜ

了解极地：奇妙的南北极之旅
（科学探秘·培养儿童科学基础素养）

温会会 / 文　曾平 / 绘

全国百佳图书出版单位
浙江摄影出版社出版发行
　　　地址：杭州市体育场路 347 号
　　　邮编：310006
　　　电话：0571-85151082
　　　网址：www．photo．zjcb．com
制版：北京北视国文化传媒有限公司
印刷：唐山富达印务有限公司
开本：889mm×1194mm　1/16
印张：2
2022 年 8 月第 1 版　　2022 年 8 月第 1 次印刷
ISBN 978-7-5514-4018-9
定价：39.80 元